动物探索

超有趣的动物百科

蝉都会叫吗

温会会 编　曾平 绘

浙江摄影出版社

2

瞧，有昆虫在吸食树的汁液。

原来是蝉！

蝉拥有刺吸式口器，里面的口针能够刺入树皮，向下延伸，到达汁液丰富的地方，开始吸食。

"知了，知了……"

中午，气温越来越高，一只雄蝉在树上放声鸣叫。

雄蝉的腹部有发音器，能连续不断地发出
响亮的声音。

雄蝉会用独特的"歌声"吸引附近的雌蝉。

奇怪的是，雄蝉竟然听不到自己发出的声音。

雌蝉不能发声，因此被称为"哑巴蝉"。

不过，雌蝉的听力很出色，能够听到远处雄蝉的召唤。

雌蝉朝鸣叫的雄蝉飞去，与之配对，一起繁衍后代。

完成配对的雌蝉，仔细地选择适合产卵的树枝。

找到合适的树枝后，雌蝉会把卵产在树皮之下。

瞧，蝉的卵就像半透明的小米粒，经过一段时间，卵的前部会出现两个黑色的小点。

经过孵化，蝉的幼虫们纷纷从卵壳中钻出来，待在树枝上。

　　身体变硬之后，幼虫们随风来到地面，钻进树根边的土壤里。

在土里，幼虫们靠吸食树根的汁液过日子。

等到深秋时分，它们便钻入深土层中准备过冬。

等到春天来临，幼虫们就重新爬回树根附近活动。

就这样，幼虫们会在土壤里待上好几年，渐渐长大。

蝉需要经过五次艰难的蜕皮，才能从幼虫变为成虫，前四次蜕皮会在土壤里默默地进行。

在最后一次蜕皮前，幼虫会从土里钻出来，爬到灌木枝条或杂草茎干等地方。

瞧，它固定在枝叶上，小心翼翼地蜕去干枯的蝉壳，完成"金蝉脱壳"的转变。

　　蜕皮之后，幼虫将完全变成成虫。成虫便爬到附近的树上羽化，翅膀逐渐变硬。

　　这是一只雄蝉，它勇敢地起飞，在树上鸣叫。

　　"知了，知了……"

在大自然中，蝉常常会遇到螳螂、蜘蛛、马蜂等天敌。

遇到危险时，蝉会猛地收缩装有废液的"袋子"，将大量的液体排掉。

这样一来，蝉就能够减轻体重，迅速起飞，以躲避敌害。

在安全的地方，蝉将口器刺进树皮里，喝着甜美的"饮料"，惬意极了！

责任编辑　袁升宁
责任校对　王君美
责任印制　汪立峰

项目设计　北视国

图书在版编目（ＣＩＰ）数据

蝉都会叫吗 / 温会会编；曾平绘 . -- 杭州 ：浙江
摄影出版社， 2023.2
　（动物探索·超有趣的动物百科）
　ISBN 978-7-5514-4343-2

　Ⅰ．①蝉… Ⅱ．①温… ②曾… Ⅲ．①蝉科—儿童读
物 Ⅳ．① Q969.36-49

中国国家版本馆 CIP 数据核字（2023）第 008003 号

CHAN DOU HUI JIAO MA

蝉都会叫吗
（动物探索·超有趣的动物百科）

温会会 / 编　曾平 / 绘

全国百佳图书出版单位
浙江摄影出版社出版发行
　　　地址：杭州市体育场路 347 号
　　　邮编：310006
　　　电话：0571-85151082
　　　网址：www.photo.zjcb.com
制版：北京北视国文化传媒有限公司
印刷：唐山富达印务有限公司
开本：889mm×1194mm　1/16
印张：2
2023 年 2 月第 1 版　　2023 年 2 月第 1 次印刷
ISBN 978-7-5514-4343-2

定价：42.80 元